平成19年11月

平成21年8月

七夕の夜

Tanabata
No
Yoru

中原恵子
Nakahara keiko

文芸社

七夕の夜——目次

平成22年4月

七夕の夜、十四歳の可愛いファーレが死んだ。十二時近かった。平成八年十月二十日生まれ、男の子。体は艶のある黒毛で、まるでライオンの鬣《たてがみ》のように真っ白い豊かな白い毛が首の周りを被っている、十四歳八ヶ月の可愛い立派なシェルティだった。

第一章

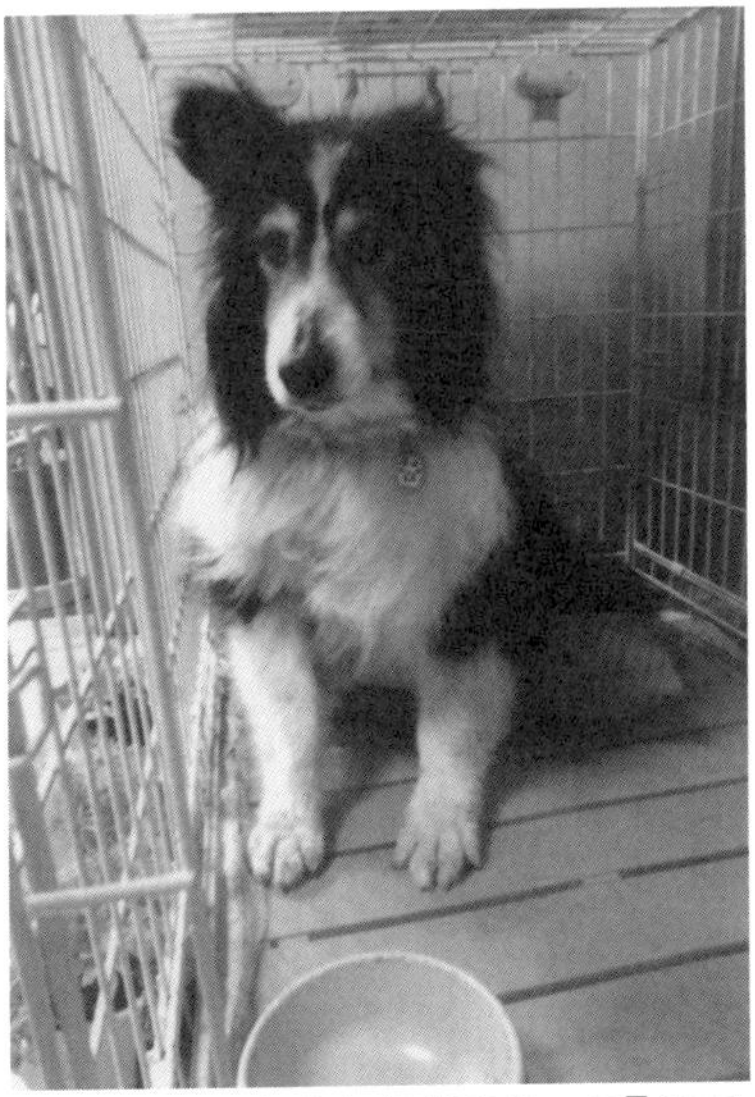

亡くなる前の月、6月16日

そろそろフィラリアの季節だ、血液検査に行かなくちゃ。私は家の前の道で小さなボールを転がせてファーレを遊ばせながら、そう思った。

「あれあれ？　ファーレ。ボール、あっちに行ったよ」若かった頃は、ボールを転がすと猛ダッシュで追い掛けたが、近頃では追い掛ける風をしながら横目で私を見て、ボールはそのままに直ぐ私の所に来てしまう。

「ファーレ、フェイント掛けて」私はファーレを喜ばせようとボールを転がせているのに、ファーレは自分がボールを追い掛けると私が喜ぶと思って、追い掛ける振りをしているようだ。逆に私を遊ばせてくれているみたいだ。

「ファーレ、そうか。追い掛けるの、疲れちゃうね」ボールには目もくれず、私の隣に座っているファーレを撫でると、お腹を出した。

両手で少し乱暴な程に思いっ切り撫でても、嫌がらずそのままでいる様子を見

て、

「こうしているのがいいの。そうか、そうか」と言いながら、今度は優しく撫で続けた。

そして、五月十三日、フィラリアの血液検査をした。昨年同様もう年なのでフィラリアだけでなく、沢山の検査をして貰った。肝臓の数値が悪いということで再検査になった。

カロリーの高い物はいけない、というお話を聞いて私はハッとした。思い当たることがあった。人間の災害用保存食フードバーの賞味期限が切れそうで、それをファーレのおやつにしていた。勿論、災害用であるからカロリーが高い物であることは分かっている。だからそれを四等分にして、お散歩から帰るとその一片をあげていたのだ。私はそのことを先生に話し、「それがいけなかったのですね。おやつ替えます」と言った。そしておやつをカロリーの低い物に替えたりして様子を診て、六月の二週目位に血液検査とレントゲンを受けることになった。私はそれで数値が良くなり「ああ、おやつのせいだったんだね」ということになると思っていた。

再検査で胆のうが悪いと判った。「これほどの数値で、こんなに元気でいるのが不思議なくらいです」と先生方は仰った。動物病院には院長先生の他に三人の先生方と、看護師さん達も数人いらっしゃった。ドッグフードを病犬用の療法食に替え、一日おきに点滴のために動物病院に連れて行き、内服薬は朝夕毎日飲ませた。血液検査は一週間に一回行われた。ファーレは大人になってから脂漏性皮膚炎になり病院には散歩がてら定期的に通っていたので、ファーレは病院を（大好きなお散歩の途中に立ち寄る所）と思っている。関節も少し悪くなり歩くのはとてもゆっくりでハアハア言っていたが、そんな訳で病院に行くのを嫌がらなかったし、なにしろ点滴を大人しく受け、先生方や看護師さん達から「良い子だね」と驚かれた。

「我慢強いのですよね。吠えているところも余り見たことないし」と。

私はそれで良くなると思っていた。ファーレはご飯もよく食べた。日中お庭で過ごしていたファーレの腹時計は正確で、私がご飯をあげようと窓を開けると、ちゃんとお座りしてこちらを見て待っている。そしていつも「よし」と言われてから食べ始めた。その食べるのの速いこと。勢いよく食べ、お水を飲んだ。

ある時病院へ行くと、散歩で時折会うヨークシャーテリアのワンちゃんが来ていた。散歩で会うと、互いに互いのにおいを嗅ぎ合っていたのに、その時はヨークシャーの子はファーレに近付いて来たが、ファーレは直ぐ座ってしまった。飼い主さんと私はにこやかに挨拶をすると、

「どうかされたのですか？」と聞かれた。

「胆のうが悪いと判って点滴に通っているのですよ」と答え、聞かれるままに、一日おきに点滴に通っていること、ファーレは十四歳だということ、ご飯はよく食べるということ等を話した。そのワンちゃんは十三歳で、特に悪いところは無いが、時々診て貰っているそうだ。

「やっぱり年を取ると色々出て来ると思うので、心配ですよね。早く良くなるといいですね」

「ええ、本当に」ご飯をいっぱい食べるので大丈夫、直《じき》に良くなる、と思ってい

た私は穏やかにそう答えた。

　そんなファーレが六月二十日位からご飯の食い付きが少しずつ悪くなってきた。いつも一気に食べてしまうのに、少し食べてはどこかへ行ってしまう。でも次のご飯の時までには無くなっているので、少しずつでも一日の量は食べているのだろう。それが日に日に残すようになり、残す量も増えていった。お散歩に行っても、歩くのもやっと。でもお散歩から帰るとおやつが待っている。おやつのクッキー二つは喜んで食べた。

ファーレの入院

　あの日、六月二十七日も点滴のつもりで病院へ行ったら、そのまま入院になってしまった。あの時はもう二日間何も食べず、長い距離は歩けない状態になっていた。体重十一キロの子は重かったが、抱っこをして歩いては下ろし、ほんの少しファーレに歩いて貰って、また抱っこをして、を繰り返し病院へ向かった。病院に着くと突然下痢をした。呼ばれても立ち上がれず、先生が抱っこをして診察室に入った。血液検査をした。白血球の数値が非常に上がっていた。

「点滴と内服薬の内科的治療ではもう見込めません。胆のうが破裂すると腹膜炎を起こし、それから手術して助かる子は三十%しかいません。そうなる前に胆のうを摘出した方が良いです。先延ばしにしていると、麻酔を掛けるチャンスが無くなります。脱水症状も起こしているので体力が少し安定してから手術をしましょう」ということになった。

点滴には夜の診療最後の時間帯に通っていたので、家に帰り家族に入院のことを告げると、夫と娘は二人とも驚いていた。何故ならその時のファーレは、ご飯も食べずハアハア言って長い距離は歩けなかったが、勿論年を取ってから眠ってばかりいることが多くなってはいたものの、昼間庭で過ごしていたファーレが好んで寝ている所が何か所かあって、そこで眠っていない時は今まで通り動き回っていたし、夜、家の中のケージで眠るファーレは、部屋から庭に架けたスロープを自分で上りケージに入り、朝は自分でスロープを下りていたからだ。

翌日、娘が学校から帰るのを待って、二人でファーレの面会に行った。昨夜と今朝、点滴をし、抗生物質を注射で入れて血液検査をしたら僅かに数値は良くなっていた。

「手術中や術後のことを考えるともう少し数値が良くなってから手術をした方が安全なので、手術は明後日を予定しています。明日の様子を診てぐったりしている場合は、明日手術します」という先生のお話を聞いてからファーレに会った。ファーレはケージの中で眠っていたが、扉を開けると薄《うっす》らと目を開き娘と私に気が付いて、よろよろと本当によろよろとケージから出て擦り寄って来た。「ああ、やっとママ達が迎えに来てくれた。お家《うち》に帰れるんだ」と言っているのが分かった。暫く撫でたり話し掛けたりした。ファーレが安心しているのが分かった。帰る時ケージに入れようとしたら入りたがらなかった。動こうとしなかった。帰り難《がた》かった私達の気持ちも尚更になったが（ファーレのためだ）と思うしかない。

「ごめんね、ファーレ。今日は一緒に帰れないんだよ」二人でそれぞれそう言って、また沢山撫でて、何とか中に入れて私達は帰った。

そして予定通り入院してから四日目、六月三十日に胆のう摘出の手術が行われた。手術は無事終わったが、麻酔から覚めるのが遅かったそうだ。

私は毎日病院へ行った。でも手術後の子達は飼い主に会うと、喜んでクンクン・ハアハアして腹圧が掛かり、縫い合わせた所に良くないので離れた所から見て下さい、ということで私は毎日先生方とお話をし、遠くからファーレを見ていた。「ファーレー！」と呼んで傍に行ってファーレに触りたかったが、お腹に負担が掛かってはいけない、快復のためには静かにさせてあげなければ。ファーレはぐったりした様子もなく、トロトロと眠ったり立ち上がってお水を飲んだり、ケージの中でクルクル回っていたりしていた。看護師さんが頭を撫でると、自分から頭を少し持ち上げ静かに撫でられていた。入院してからも全くご飯を食べず流動食を管で入れていた子が、手術直後は一回ご飯を食べたそうだ。白血球数もグッと下がった。だが手術翌日またご飯を食べなくなってしまったようだ。白血球数もまた上がった。お腹を切っているため、多少の炎症はあるので白血球数が上がるのも考えられる想定の範囲内ではあるが、どこからか胆汁が出ているのかもしれない、というお話だった。私は（内臓を一つ取っているのだもの、多少の炎症があるのは当たり前。少しずつ落ち着いて、少しずつ数値は下がってくる）と願った。そして実際、手術翌日に上がった数値も、その二日後には少し下がった。まだまだ高い数値ではあったが、このまま少しずつでも下がっていってくればいい、と思った。それがそのまた翌日の七月四日には今までで一番高い数値になってしまった。

四日は、手術後「ファーレと直接会えないのだったら行かない」と言っていた娘が「遠くからでもいいや。様子見に行く」と言って二人で病院に行っていた。先生のお話で、腹水が少し溜まってきている、腹水を調べるには針を刺して少し採るのだが、そのためにはある程度の量が溜まらないと採れない。まだ少しの量なので採ることは出来ない、ということだった。そして先生はファーレの様子を話された。

「トイレ散歩をするのですが、トイレに行くだけなので少しの距離なのですが、外に出るとしっかり頭を上げて前を向いて歩いていますよ」と。

それを聞いて私は（ファーレはしっかりしている、大丈夫！）と思った。術後、心配なことが起こってはいるが、大丈夫だ、と。そして見ると、ファーレは流動食のための管を鼻から入れて固定されていたが、ぐったりしている様子はなく、トロトロと眠っているようだった。

五日、院長先生から、

「このまま腹水がどんどん溜まっていくようだと、どこからか胆汁が出ているのかもしれません。そうだとすると恐らく取った胆のうの辺りではないかと思います。溜まっていくようなら、腹水を出さなければ腹膜炎を起こして危険なので、出した方が良いです。選択肢としてはそれしかありません。麻酔を伴うのでリスクは大きいですが」

というお話があった。そして、

「そうだとしたら、それは私の想定外です。一回で済むと思っていたので」と仰られた。そんな大変な話を聞きながら、話の内容は解ったが（そんなことになるはずない）と否定の気持ちでファーレを見ると、ファーレは苦しんでいる風もな

くいつも通りに静かに伏せていた。そして、

「ファーレちゃんは何が好物ですか」と聞かれた。今までも他の先生方から「匂いを嗅いで少し興味はありそうなのですが、直ぐ横を向いてしまうんですよ。ファーレちゃんは何が好きでしょうか」と聞かれていた。ファーレは何でもよく食べた。出されたものは、お座りして待ち続け「よし」と言われると一気に平らげた。嫌いな物なんて無かったのではないか。だから『好物』と言われても・・。私は考えながら、

「基本ドッグフードなのですけれど、本当はいけないのでしょうけど・・人間の食べ残した物をあげちゃったり、おでんとか、焼き魚の頭とか、あっ、煮干しの頭とかはらわたとかも大好きです」

「魚は良いですものね。でもきっと魚が好きというよりも、お母さんと同じ物を食べているという、ちょっといけないことをしているかな、ちょっと嬉しいかな、という感じだったのでしょうね」とにっこりと仰った。

「何とか少しでも食べて欲しいので、何か入れてお粥など作ってきて貰えません

か。病院には調理スペースが無いので」

「何を入れれば良いのでしょう」

「笹身とか」

「えっ、笹身なんて良いのですか」

「低脂肪ですから」

「どの位？」

「一本」

「そんなに？　多くないですか」

「こちらで見て多ければ少し避《よ》けますので」

「出汁《だし》は？」

「笹身で充分です。昆布出汁など取らなくて大丈夫ですよ」

「分かりました」

ファーレをずっと見ながら、院長先生とそんな会話をした。病院を出ると私は近くのスーパーマーケットへ急いだ。笹身だけを手に取るとレジへ向かい、家に着き冷蔵庫に大事にしまった。

翌六日水曜は午後休診なので、昼前に病院へ行った。午前中お粥を作る時間が無かったので、お粥は明日持って行こうと思い、昨晩用意したおやつと枕を持って行った。おやつはご飯を少しずつ食べなくなってきてからも、お散歩から帰ると喜んで食べていたクッキーだ。枕は娘から貰ったファーレお気に入りの枕。退院したら暫くはケージの中だけでの生活になるので、帰って来て直ぐ使えるようにと病院には持って行ってはいなかった。しかし昨日のお話で、もしかすると再手術になるかもしれない。そうなったら入院が長引いて可哀そうだから、お気に入りの枕を持っていってあげよう、と思ったのだ。

ファーレは今回の通院と入院で、他にも色々悪い所が見付かっていた。膀胱結石もあったし、肝臓と膵臓も余り良くないということが判った。兎に角、一番悪い所から一つずつ治療していきましょう、ということで一番悪かった胆のうを摘出したのだった。その手術の際に肝臓と膵臓の一部を少し採り、病理検査に出していた。そして更に今朝レントゲンを撮ったら、心臓と肺も少し良くなく胸水が溜まってきているということと、腹水がかなり溜まってきたということが判り、午後にエコーで診てみる、ということだった。一通りお話を聞いた後、

「今日はファーレちゃんと会えますよ」と先生が仰った。

「えっ！　いいのですか」思わず言った。そうだ、手術から一週間経ったのだ。

診察室にファーレが抱っこをされて入って来た。

「ファーレー！」と私は言ってファーレに触った。ファーレは静かに診察台の上で立っていたが、直《じき》にゆっくりと伏せた。

「ファーレちゃん、何も食べないので、持って来られたクッキーをお母さんの手であげて貰えますか」と言われたので、

「ファーレの好きなクッキー持って来たよ」とクッキーを半分に割って口元に差し出したが食べなかった。自分からクンクンと匂いを嗅ぎ、先生も私も、興味を示している、食べるかも、と期待したが横を向いてしまった。あんなに好きで夢中で食べていたクッキーなのに。

病院で食べさせようとしてくれていたビスケットも、

「お母さんの手からだったら食べるかもしれない」と持って来て下さったが、食べなかった。暫くファーレの頭を撫でながら、

「ご飯を食べて、良くなって早く帰って来てよ。早くお散歩に行こうよ。沢山お散歩しようよ」と何度も言った。ファーレは伏せたまま、じっとして動かなかった。しんどかったのだろう。犬は苦しくても苦しいとは言わず、人間のように苦しい表情をすることは無いが、擦り寄って来ることもせず、『クウン』と縋るような声を出すことも無く、体が辛かったのだろう。じっと耐えていたのだろう。私が先生に挨拶して帰る時も、動かなかった。ただただ私を静かにじっと見詰めていた。診察室を出てドアを閉めた。動物病院には二つ診察室があり、どちらのドアも大人の女の人が立った時の目線の辺りに、小さな丸いガラス窓が三つ付いている。私は帰るのが忍びなく振り返りドアを見ると、そのガラス窓の向こうに、ファーレの顔があった。診察台の上で伏せているファーレの顔と私の顔が、ガラス窓を通して一直線上にあった。ファーレと私の視線は繋がって、ファーレは一生懸命に私を見ていた。私は軽く手を振り、

「頑張ってね、頑張ってね」と小さな声で言って帰ろうとしたが、なかなか帰れなかった。そうしているうちに、ファーレは先生に抱っこをされて奥へ連れられていった。抱っこをされて先生が動いても、ファーレは自分の視界から私が見えなくなるまで、私を見ていた。

再手術の決断

午後、院長先生から電話があった。針を刺して腹水を調べてみたら、出血しているということだった。どこから出血しているかにもよるが、恐らく取った胆のうの辺りで胆汁も出ているのだろう、と。腹水を出さなければ益々それが広がって腹膜炎を起こす。腹水を出すためには、再手術。麻酔を伴うし、一週間前に手術をしたばかりなので危険なのは間違いない。でも腹水を出さなければ、もうこのまま危ない。選択肢としては、出した方が良い。

「了解を貰えれば、明日の昼に遣ります」と仰った。この前のお話が現実になってしまった。私は選択肢がそれしかないのだったら、危険が伴っても遣るしかない、と思った。このまま死ぬのを待つだけなのは、絶対に嫌だ、と。でもこんな大変なこと、この電話で私の一存で答えることは出来ない。家族に相談しなければ。夫は「もう年なのだから、いじくりまわすのは可哀想だ」と言っていた。今晩、夫が仕事から帰って来たら、話し合って決めよう。そのことを院長先生に言った。どちらにするか決めて、明日午前中病院に電話をすることになった。もし再手術をして貰うことになったとしたら、考えたくはないが、万が一ということを考えたら、娘はファーレに会いたいだろう、と思った。昼間は学校があって病院へは行けない。今日のうちに会わなければ。今日午後は休診だが、夜、会わせて貰えないか先生にお願いした。夜八時頃、院長先生が電話を下さって、それから会いに行くことになった。

今晩は不思議と二人とも早く帰って来た。七時頃には家に着いていたのではないだろうか。三人で話をした。夫はファーレが入院する前から「この夏は越せないのではないか」と言っていた。それ故、

「この前手術をした後ご飯を食べないって聞いて、これはもう駄目だと思った。もう長くないよ。可哀想だ。遣ったって一週間位の違いだけだ。一週間前に手術をしたばかりで、痛い思いを二度もしたくないよ」と言う。私は入院した時、ファーレは手術をして元気になって帰って来る、と思っていた。でもこんな大変なことになって、今私は、前のように元気でなくとも、何とか少しでも良くなって帰って来て欲しい、絶対に帰って来る、と心底願っているし、信じたい。夫の言うように、一週間しか経っていないのにまた、と考えると、可哀想だとは凄く思う。でもこのまま手術をしなければ、死ぬのを待つだけ。それにご飯を食べないで鼻からの管で流動食を入れている状態では、家には帰って来られないでその時が来るまでずっと病院に居ることになるのではないか、とも思った。娘は、確かに可哀想だ、でも帰って来て欲しい、という気持ちのようだった。

八時少し過ぎてから院長先生から電話があった。

「娘さんは帰って来られましたか」

「はい、帰って来ています。これから直ぐ伺います」と言って電話を切った。娘と家を出ようとすると、夫が「僕も行く」と言って先に靴を履いた。珍しいことだった。いつもファーレのことは私に任せっきりな人が。私とは意見が逆だが、夫もファーレのことをとても心配しているのが分かった。

病院に着くと院長先生が一人で待って下さっていた。初対面の夫を紹介し挨拶を終えると奥へ通された。ファーレは真ん中の段のケージに居た。私達三人が行って驚いたのだろう。直ぐさま立ち上がりハアハアと興奮し始めた。ケージの扉に顔をくっつけ私達を見てはクルクルと回り、それを何度も繰り返した。昼前に私一人で行った時は静かにじっと動かずただ私を見詰め、ドアを閉めた後は必死に私を見ているだけで動きはしなかったが、三人揃って行ったので（パパ、ママ、お姉ちゃん、皆が迎えに来てくれた）と思ったのだろう。お家に連れて帰ってくれると思ったのだろう。

私達はファーレの名を呼び、扉越しに撫でながら、先生のお話を聞いた。私が今まで聞いていた話は夫や娘にも伝えていたが、先生が改めて詳しく夫達に説明して下さった。そして夫が先生と話し始めたので、私は持って行ったカメラでファーレを撮った。

この春散歩をしている時、桜が満開で（綺麗だなぁ、お花や緑の中でファーレを撮りたいなぁ）と無性に思ったのだ。五月に入りカメラの下見をして、十一日に自分の初めてのデジカメを買った。散歩で持ち歩くために、首からぶら下げるカメラケースも手作りした。そのカメラで初めてファーレを撮ったのは家のケージの中で十二日、肝臓の数値が悪いと判った血液検査をしたのが十三日。天気が悪くカメラを持って行くことが出来なかったり、天気が良く勇んでカメラを首からぶら下げて出ても、なかなか可愛いポーズのシャッターチャンスが無かったりで、それまでに外で撮った写真はたった二枚。他は全て家のケージの中での写真。ファーレのために買ったカメラだもの、ファーレを撮りたい、と思ってカメラを病院に持って行っていた。少し落ち着いたのか、大好きな枕の上で伏せをした。そんな様子を何枚か撮った。先生が扉を開けて下さった。ファーレは途端に外へ出ようと身を乗り出してきた。

「落ちちゃうよ。危ないよ」と言いながら、娘と私は体を押さえた。またクルクルと回ったり、伏せたり立ったりと繰り返し、点滴の管が外れてしまった。

「今は動き回っているので、後で入れておきますね」と先生は仰った。娘が押さえている間に、また一枚撮った。夫も自分の携帯で何枚か撮り始めた。そうしている間も、先生と私達はずっと話をしていた。娘と私はファーレの体を撫でながら、夫は一歩離れた所からファーレを見ながら。


「先生、まだどちらにするか決め兼ねているのですが、もし手術しないとしたら、あとどの位・・・なのでしょうか」ファーレが居なくなるなんて、考えられない。でもはっきりと聞いておきたかった。はっきりと知っておきたかった。

「手術しなければ、あと十日から二週間位で危険な状態になるでしょう」

「十日から二週間・・」先生の言葉を思わずおうむ返ししてしまった。

「もし、もし手術をしなければ、その間ずっと病院に居ることになるのでしょうか。家に帰ってもご飯も食べることが出来ないし、点滴もしているし」

「いいえ、帰れますよ。流動食はお家で入れて、点滴は通って貰えれば」

「そうですか。でも段々とぐったりしてくるのでしょうね・・」

「ええ。確かに手術は大きなリスクがあります。どちらを取るか、手術するか安楽死にするか、なのですよね」

「安楽死・・・？」

「欧米ではペットを飼った時から最期の時が来たらどうするか、治療を止めてずっと家族の傍で過ごさせて安楽死にするか、最後まで治療を続けるか、それを考えて飼う家庭が多いのです。安楽死にする家庭も多いです。日本ではまだ少ないですが」

《安楽死》という言葉に驚いたが、そういうことだったか・・。そして先生はこう続けられた。

「どちらにするか、ご家族でよく話し合われて決めて下さい。多数決ではなく、話し合いで」と。そして、

「もし私だったら、私が具合悪く自分で判断できる状態でなかったら、家族の判断に委ねます。それでいいと思っています」と。

どちらかに決めて電話をするのは、明日の午前中早い時間でなくても大丈夫、お昼までに電話をくれれば、もし手術をするということにしたとしてもスタッフは揃っています、とのことだった。万が一、輸血が必要になった場合には、直ぐ来てくれる大型犬のワンちゃんもいるそうだ。ラブラドールの子だとのこと。少し心強い気持ちになれた。

私達はファーレにそれぞれ声を掛け扉を閉め、病院を後にした。私達は話し合いながら帰り道を行った。

「思ったより元気そうなので、びっくりした。もっとぐったりしているかと思った」と夫が言った。

「それは私達が三人揃って行ったからよ。お家に帰れると思って嬉しかったのよ。帰りたいのよ」

「そうだなぁ」

そして夫は、手術をしたければすればいい、でもしたところでそんなに変わりはない、と言った。私は、人間の大人だったら、最終的には自分がしたいように自分で決めるのだろうけれど、小さな子供だったら、親が決める。親は絶対に助かって欲しい、危険であっても何とか絶対に助かって欲しい、と思って手術に懸けると思う、と言った。

「ファーレは子供じゃない。年取った大人だ。痛い思いだって分かっている」

「でも人間じゃないのだから。口がきけないのだから。人間の小さな子供と一緒でしょう、家《うち》の子でしょう、私達が決めるしかないのだから。自分の子供だったら、絶対に助かって欲しいでしょ。私は絶対に助かって欲しい。手術に懸けたい。一週間前に手術をしたばかりで麻酔の覚めも遅かったっていうし、危険を伴うのは分かっている。だからもし手術をすることにしたら、万が一のことも覚悟しなければならないと思っている」

私はこのまま手術せず治療だけで、あと十日から二週間を待つのは、最期の時を迎えるのは嫌だった。手術しなければあと十日から二週間で死ぬのは、はっきりしたことだったからだ。

家に着いてからも私達は暫く話し合っていた。そして手術をすることにした。

考えたくはないけれど、万が一のことも考えなくてはならない。覚悟の気持ちは持っておこう、と。

七夕の日

翌日七月七日、私は病院になかなか電話することが出来なかった。電話を受けたら直ぐ手術をする、という訳ではない。午前の診療時間が終わって午後の診療時間が始まる間に、手術は行われるのだろう。でも少しでも後に引き延ばしたかった。何かそんな気持ちだった。十一時を少し過ぎてから電話をした。看護師さんから院長先生に代わった。

「手術をして頂きたいと思います」

「分かりました」

「これから会いに行きます」

そう言って家を出た。

平成21年8月

病院に着くと待合室には何人か飼い主さんとワンちゃんネコちゃん達が座っていた。ファーレが気付いて興奮するといけないので、私は静かに腰掛けた。間もなく呼ばれ、診察室に入った。

「お母さんが来て、意気が揚がっちゃって」と院長先生が仰った。

「えっ、どうして分かったのでしょう。においでしょうか」奥へ通されながら、小声で言った。

「分かりません。丁度お母さんがいらして待合に入られた時から、急に」

ケージを見ると、ファーレは立って

扉に顔をくっつけていた。

「ファーレ」と声を掛け、ケージ越しにファーレを撫でた。ハアハア息をしながらクルクル回るファーレに「良い子ね、良い子ね」と言いながら、ファーレの鼻や頭を撫でた。

「先に小さな手術をひとつしてから、その次にします」

「どの位掛かるでしょうか」

「一時間位で済めばいいのですが」

そんな会話をしながらファーレを撫で続けた。

「ファーレ、頑張ってね、頑張ってね」私はそう言って撫でるのを止め、こちらを見ているファーレに手を振った。

「どうぞ宜しくお願いします」院長先生にそう言うと、もう一度だけファーレを見てその場を離れた。待合室に戻り、その時受付にいらっしゃった先生や看護師さん達にも、

「どうぞ宜しくお願いします」と頭を下げた。

病院を出ると私は小走りに家へと急いだ。夕方、病院から「手術が終わりました」と電話があったらいつでも直ぐファーレの様子を見に行けるように、（今日は早めに夕飯の買い物に行って買い物から帰ったら直ぐ作ろう）そう思った。家に戻り昼食を取り、気持ちを落ち着けてから買い物に行った。その道すがら朝、娘が言っていた言葉を思い出した。

「今日はお天気良さそうだね。天の川見れるかな」

「そうか、今日は七夕だね。天の川見たいなぁ。ママ、生まれてから一度も見たこと無いんだ」

そうだ、今日は七夕だ。手術が終わったファーレの様子を見に行って、ホッとした気持ちで天の川を見たいな、綺麗だろうな、見れるといいな、そんなことを思って歩いていた。

家に戻り暫く経っても病院から電話は無かった。この前は一時過ぎに「これから手術を始めます」と電話があったが、どうしたのだろう。（ファーレの前にひとつ手術があるということだったから、それが長引いているのかしら）最初はそうも思ったが、そうこうしているうちに三時になってしまった。午後の診察は四時から始まるので（もうきっと始まっていて、今、真っ最中なんだ）と思った。そう思ったら居ても立ってもいられなくなって、小声ではあったが思わず声に出して、

「ファーレ頑張れ！　頑張ってファーレ！」と呟いていた。

「手術は勿論だけど、それだけじゃないよ。終わった後の麻酔からも早く覚めるんだよ。頑張って。頑張れ、頑張って」宙を見て呪文のように呟いていた。

三時半頃病院からの電話が鳴った。ドキッとした。（終わったのかしら。それにしては早過ぎる。途中で何かあったのかしら。そんなこと、あるはずない）一瞬心臓が抉《えぐ》られる感覚がした。電話に出た。

「これから始めます」

（まだだったんだ。これからだったんだ）緊張していた心が緩むのが分かった。

「宜しくお願いします」

「終わったらお電話します」

そして電話を切った。

夜、夫も娘も夕飯を済ませた。私は気が気ではなく、食べないでいた。

（遅い、遅過ぎる）そう思った。この前の手術の時は最初の電話を貰ってから三時間と少し経って「終わりました」と電話が入った。今日、院長先生は「一時間位で済めばいいのですが」と仰っていた。一時間で済まなかったとして、前回と同じ位掛かったとしても、六時半過ぎれば電話が入ってもいい筈だ。もう七時を回った。私は二階の部屋で一人、窓を開け、夜空を見上げた。天の川は見えなかった。

空を見ながら、私はずっとファーレに語り掛けた。

「頑張って。絶対大丈夫だよ。早くお家に帰りたいでしょう。良くなって早くお家に帰って来ようよ。またお散歩に行こうよ。沢山お散歩しようよ。もしかしたらもう手術は終わって、麻酔から覚めるのを待っているところなのかな、ねぇファーレ？　それだったら早く覚めて。頑張ってしっかり覚めて。まだ手術中だったら、頑張って。でも、それだけじゃ駄目だよ。その後、麻酔から覚めるのも頑張って」そんな言葉を繰り返していた。

夫が部屋に来た。

「遅いね。時間掛かっているね」

「うん・・、遅い。診療時間終わるのが八時だから、八時近くなっても電話が無かったらこちらから電話してみる」そう言ってまた空を見上げた。

八時五分前になった。病院からの電話はまだ無い。思い切って電話をした。看護師さんが出た。

「これからお腹を縫うところです」

（まだ終わっていなかったんだ。これからお腹を縫うってことは、お腹の中のことは終わったんだ。ファーレは頑張っている。取り敢えずは良かった。でもまたこれからが大事だ）少しホッとしたような、でもまだまだ心配な、そんな気持ちだった。

「あとどの位掛かるでしょうか」

「ちょっとはっきりとは分かりませんが、三十分か四十分位でしょうか」

「麻酔から覚めるのって、普通どの位の時間が掛かりますか」

「そうですねぇ、その子によって違いますので・・」

「この前の時、麻酔から覚めるのに時間が掛かったということでしたが、どの位掛かったのでしょうか」

「そうですね、それも合わせて終わりましたら、院長から電話でご連絡と説明をさせて頂きます」

「分かりました」そう言って受話器を置いて下の部屋へ行き、

「これからお腹を縫うところだって。あと三十分か四十分位掛かるみたい」と家族に告げた。

　八時五十分、院長先生から電話があった。

「終わりました。まだ麻酔が掛かっているので、覚めるのを待ちます」

(終わった！)ホッとした。(あとは麻酔から無事に覚めるのを待つだけだ)

「ありがとうございます！」

「ちょっと大変でした」

「そうですか。時間が掛かっていたので、心配していたんです」

「これからいらっしゃいますか」

「えっ、行っていいのですか」

「はい、終わったばかりでバタバタしていますが。どうぞ」

「はい、これから直ぐ行きます」

家族に終わったことを知らせ、今の会話を伝え「行って来るね」と慌ただしく家を出た。

私は自然と足早になっていた。

「よーし、よし、ファーレ偉いよ、頑張ったね、よく頑張った。あとは麻酔から覚めるのを頑張るんだよ。早く覚めるんだよ。ファーレ、手術頑張って本当に偉かった。でもそれだけじゃ駄目だよ。あともう一踏ん張りだよ。麻酔から頑張って早く覚めるんだよ。頑張るんだよ」私はもう、気持ちが声となって、病院に着くまでブツブツ・ブツブツと、同じことをグルグル繰り返し呟いていた。

九時、病院に着いた。周りの看護師さん達皆さんに「ありがとうございます、ありがとうございます」と言いながら、私は手術室に通された。手術室には院長先生と看護師さん一人がいらっしゃった。ファーレはお腹に包帯を巻かれ、ご飯を食べないので胃に流動食を直接入れる管が付けられ、人工呼吸器を口に入れ、眠っていた。私はお二人に小さな声で「ありがとうございます、ありがとうございます」と頭を下げながら言った。

「心肺は自分で動いていています。呼吸は出来ていないので、人工呼吸器を付けています。この前は麻酔から覚めるのに三十分位掛かりました。大体他の子は五、六分位で覚めるので時間は掛かったと思います」そして先生は話を続けられた。

「採り出した胆のうの辺りはきれいになっていました。検査のために切り採った肝臓の所もきちんと塞がっていたのですが、その奥の方から胆汁が出ていました。お腹の中はきれいにしました。遣るべきことは全て遣りました」先生はファーレの頭を撫でたり目の辺りを軽くトントンと刺激したり、モニター心電図を見ながら仰った。看護師さんは櫛でファーレの毛を梳かしていた。まだ麻酔から覚めていない状態ではあったが、落ち着いた空気が流れていた。

「目の辺りを軽く刺激してあげたりすると、気が付いて薄《うっす》ら目を開けたりするので、遣ってみて下さい」

「触っていいのですか」

「はい」

私は先ずファーレの頭を撫で、次に目をトントンと刺激してみた。「ファーレ」と声を掛けながら、ずっと触っていた。

いつも大好きだよ

どの位時間が経っただろう。時計を見た。九時半になっていた。（三十分経った。そろそろ目覚めるかしら。早く目覚めて。ファーレ、早く目を開けて）心の中でそう思いながら、声に出して名前を呼び撫で続けた。院長先生と看護師さんは、モニター心電図を見ながら薬を入れたりファーレに触ったり、モニター心電図を操作したりしていた。五分経ち、十分経った。まだ目を開けない。（どうしたの、どうしたのファーレ。早く目を開けて）他の先生方も時折いらして、薬を入れたりファーレに触れて様子を診たりした。

十時になってしまった。（遅い。早く目を開けて。早く！）心臓の奥がグッと掴まれるような、そんな感じがした。手術室には私が病院に着いた時の、落ち着いた空気はもう流れていなかった。それからも私はファーレを触り続け名を呼び続け、先生方は処置を続けた。

十時半、院長先生が、

「ご家族に言った方がいい」と仰った。一瞬頭の中がすっぽり抜けてしまったような、一瞬周りに空間が出来てしまったような、そんな感じだった。

「えっ・・家族に言った方がいいですか・・」

「はい」

「分かりました」手術室を出ると他の看護師さん達が掃除をしていた。隣の診察室を見るとそこには誰も居なかったので、その診察室に入り家に電話をした。夫が出た。

「ファーレなのだけど、余り良くないの・・九時に病院に着いてもう一時間半経つのに、まだ覚めないの」

「危ないな・・」

「うん・・院長先生が『ご家族に言った方がいい』って。あなた、来る?」

「いや、僕はいい」

「分かった。来ないのね」

「うん。瑛美《えいみ》に言うわ。代わるから待って」夫が娘に話しているのが聞こえた。

娘が慌てて電話に出た。夫に話したことと同じことを娘にも言い、

「瑛美、来る?」と聞くと、

「行く。これから直ぐ出る」と言って電話を切った。私は手術室に戻り、

「娘が来ます」と言った。間も無く娘が着き看護師さんと言葉を交わすのが聞こえ、手術室に通されて来た。

「ファーレ、お姉ちゃん来たぞ」と院長先生がファーレに呼び掛けた。娘は私の隣に座り、私達二人はファーレを撫で、目を軽く刺激し、名を呼び続けた。

ファーレは目を開けてくれないまま、時間は刻々と過ぎていった。気が付くと病

院の中は院長先生とU先生と看護師さん一人、そして私達二人の五人だけになっていた。

十一時を回って、院長先生が難《かた》い表情で、

「中原さん、厳しい」と仰って、心臓マッサージを始めた。娘と私は必死にファーレを摩《さす》り、名を呼び、時々モニター心電図を見た。時間が長く感じられた。U先生が院長先生に代わって心臓マッサージを始めた。先生方は交代でマッサージを施して下さっていた。娘の視線を感じ、見ると娘は声を押し殺し、目からはボトボトと涙が零れ落ちていた。私は、

「泣くんじゃない！」と思わず大きな声で言いそうになった。ファーレはまだ生きている、ファーレの心臓はまだ動いている、私達がこんなに一生懸命な気持ちで呼び掛けているのがファーレには聞こえている、ファーレは私達の声を聞いている、きっと戻って来る、娘の涙を見て、咄嗟にそう思ったのだ。・・でも言えなかった。私も精一杯だったのだ。精一杯涙を呑み込み、心を強くして信じようとし、声に出したらそれは涙声になってしまいそうだった。

十一時半を過ぎた。先生方がマッサージを交代する時、モニター心電図の数字はどんどん低くなるようになってしまった。そしてマッサージが始まると数字は次第に上がっていく。院長先生がマッサージをしながら、

「これは私達が心臓を動かしているので動いているのであって、自分では動いていません」と仰った。馬鹿な私はそれでも（数字がゼロになっていないから、まだ死んだ訳じゃない、ゼロになっていないのだから、まだ生きているってことでしょう）と思った。分かっている。こんな長い時間マッサージをして戻らないってことがどういうことか、私だって分かっている。それなのにそんなファーレの体にずっとマッサージを続けるのは、ファーレが可哀想だってこと、分かっている。先生に「もういいです」って言わなければならないって分かっている。

「意識が戻る子は、マッサージを始めて五分か十分位で戻ります。これだけ遣って戻りませんし、もう心臓は自分で動いていません」院長先生はそう仰って手を止めた。みるみる数字はゼロに近付いていった。そしてまたマッサージを始めると、数字は上がっていった。

「もう心臓は動いていないのですね・・？　もう、動かないのですね」

「はい・・」

「分かりました。もういいです・・」院長先生はマッサージをする手を止めた。数字が下がっていった。

「先生、この数字がゼロになるまでこのままにして下さい」私はもう涙声になっていた。院長先生とU先生が見守る中、私はファーレの体を撫でながら、

「偉かったね、よく頑張ったね」鼻が詰まった涙声で、思わずファーレに言っていた。

「本当によく頑張ったね。ファーレ、偉かったよ」そう言うと、堰を切ったように娘と私は号泣した。

「ファーレ、良い子だね。本当に良い子。ファーレみたいな良い子、見たことないよ」そして私は、

「ファーレったら・・」そう言いながら、（目を開けてよ）そう思いながら、体を揺すった。ファーレはいつもと変わらぬ優しい顔で、眠ったままだった。

「大好きだよ。ファーレ、大好きだよ。いつもいつも、大好きだよ」私は最後にそう言って咽び泣いた。

「ファーレ、お疲れ様・・」娘は一言そう言って咽び泣き続けた。

私達はファーレの体を撫で続けた。モニター心電図の数字はゼロになっていたが、時折数字が少し動いた。私は（これって・・・？　心臓が動いているの？）と、モニター心電図をじっと見詰めた。そして、

「先生、この数字が時々上がるのは・・」と、思い切って聞いてみた。

「これは少しの振動にも反応してしまうのですよ。人工呼吸器を付けているので、その振動に反応して数字が動いているのです」

「そうですか・・」ドラマのような奇跡なんて起こらないんだ、そう思った。それからも数字は時折ゼロから少し上がってはまたゼロに下がり、そんな状態だった。先生方は傍でじっと見守って下さっていた。

「ありがとうございました」私は漸く先生方にお礼を言った。

「詰め物をしますので、待合で待っていて下さい」そう言われて、娘と私は手術

室を出た。

待合室で待っている間、時計を見ると十二時近くになっていた。暫くして私達は診察室に呼ばれ、そして先生の腕の上で横になったままのファーレが連れられて来た。ファーレは先ず診察台の上に寝かされ、私は院長先生と話をした。そしてファーレを箱に入れて連れて帰ることにした。看護師さんが箱を組み立ててくれた。箱に入れられたファーレは、ゆったりと眠っているようだった。レースの付いた真っ白い綺麗な布を首から下に掛けてくれた。看護師さんが、

「この枕、ファーレちゃん大好きだったので」と、枕と家から持っていったタオルを持って来てくれた。

「あっ、そうそう、そうですね。ファーレ、この枕大好きだったので、この枕をしてあげると・・」良かった、と思った。ファーレ自身のことばかりが心にいっぱいで、枕のことはすっかり頭には無かったので、看護師さんが気が付いて持って来てくれて（ファーレ、良かったね、お気に入りの枕だよ。この枕してネンネしようね）と心に思った。看護師さんが枕にタオルを巻いて、ファーレの頭の下

に入れてくれた。ファーレは楽チンそうに眠っていた。院長先生が往診車で送ってくれることになった。車が病院の前に着いて、看護師さんと私は仮留めをしたファーレの箱を車に運び入れ、私は病院の前で見送ってくれるU先生と看護師さんにお礼を言い、車に乗り込んだ。自転車で来ていた娘の後ろに付いて車は走り出した。

家に着いた。ファーレの箱を玄関の中に入れ、玄関先で院長先生と少しお話をし、先生は帰られた。娘と二人でファーレの箱を部屋に運んだ。こういうことになると思っていなかったので、ファーレを寝かす場所を作っていなかったが、毎晩眠っていたケージの隣に寝かすことにした。二人で箱を置き、時計を見ると、十二時を少し回っていた。娘は急いで仮留めしていた段ボールの蓋を開け、閉まってこないように反対側に折り返してガムテープで留めた。私は、

「ファーレ、今日手術で朝からご飯もお水も飲んでいなくてお腹空いているから、ご飯をあげよう」そう言って立ち上がった。娘は頷いた。台所からご飯とお水を持って来ると、娘はファーレの前に座り黙って涙を零しながら、静かに

ファーレを撫でていた。辛かった。でも気を取り直して、

「えっと、ご飯は・・私達から見て右、お水が左、いつもファーレが食べていた通りに置いてあげよう」と言った。

「うん」娘もそう言って、私は器をファーレの箱の前に置いた。私達はファーレの前に並んで座った。

「お家に帰って来たよ。ファーレ、お家だよ。ファーレ帰りたかったんだもんね。やっと帰って来たよ。良かったね。もう何にも心配することないんだよ。ご飯いっぱい食べな。お腹空いているでしょう。沢山食べな。お水もいっぱい飲みな」気を取り直したつもりだったが、駄目だった。涙が溢れながら、私はファーレにそう言っていた。そしてこの季節なので、冷凍庫から保冷剤を幾つか持って来て、

「冷たいかもしれないけど、こうしないと駄目なんだよ。今暑いでしょう。ファーレの体が傷んじゃったら大変だからね。我慢してね」そう言って、二人で涙を流しながらファーレに宛がい、ファーレの体を撫で続けた。暫く経って娘は、

「もう寝る」と小さく泣き声で言って自分の部屋へ行った。私はずっと朝までファーレの傍でファーレに話し掛けて泣いていた。

おばあちゃんとファーレ

八日昼過ぎ、私は母に電話をしていた。身内には遅かれ早かれファーレが死んだことを告げなければならない。母は少し脚が弱ってきて最近では私の家に来ることも余りなかったが、娘が小さな頃は何かと持って時折家に来てくれていた。そしていつもファーレを散歩に連れて行ってくれた。散歩の好きなファーレは喜んで母に連れられて行った。最近母は滅多に家に来ないし、たまに来ても脚が弱くなってきているので散歩に行くことはなかった。それでもファーレはよく憶えていて、母が来ると喜んだ。

「ファーレ、散歩に行きたいの。よく憶えているね。ごめんね、おばあちゃん脚が痛くて行けないんだよ」母はそう言ってファーレを撫で話し掛け、暫く構って

平成22年4月

くれていた。

母は電話口で泣いた。そして、

「これから行く」と言ってくれた。娘は今試験中で、たまたま今日は試験が無く家に居た。

「おばあちゃん来てくれるって」自分の部屋に籠ったままの娘に声を掛け、私は一人ボーッと座っていた。

母がやって来た。手には大きな真っ白い百合の花束を持っていた。取る物も取り敢えず母はファーレの前に座った。母は、

「ファーレ・・・」と言いながらファーレが掛けている真っ白い布を

そっとめくり、

「小さくなって・・お腹に包帯巻いて、大変だったね。優しい顔をして、眠っているだけのようだね」ファーレの体を撫でながら、涙を流してそう言った。私は母の横に座り、下に下りて来た娘は母と私の後ろに腰掛けた。私達三人は涙を拭い続け、母と私はファーレの体を触り、母は一頻《ひとしき》りファーレに話し掛け、私はファーレがどういう様子だったかを話した。娘は黙って一言も何も言わず泣き声を押し殺していた。やがて耐えられなくなったのだろう、娘は自分の部屋へ戻り、母が帰るまで部屋から出て来なかった。

母が帰る時、

「おばあちゃんを駅まで送って、帰りに買い物して帰って来るね」娘にそう言って家を出た。深夜ファーレを家に連れて帰ってから、家の外に出るのはそれが初めてだった。家を出る時は、何も考えていなかった。しかし母と連れ立って歩いていると、突然溜め息が出た。

「いつも帰り、駅まで送る時、ファーレも一緒だったね」ファーレのことが想い出された。

「そうだね。いつも喜んでお尻をプリプリ振って歩いていたね」母もそう答えた。それから暫く歩いていると、今度は思わず、

「あぁ・・」と声に出して大きな溜め息を吐いてしまった。ファーレが見えた。この道の、この道端にずっと続く草に、頭をすっぽりと突っ込んで、クンクンとにおいを嗅ぐファーレが見えた。ファーレは最近よくこの道端の草のにおいを嗅いでいた。

「ファーレ、止めて。そんなに頭を突っ込まないで」私がリードを強く引くと歩き出すが、二、三歩行くとまた頭を深く突っ込んでにおいを嗅ぐ。それを繰り返して歩いていた道だ。涙が滲んだ。少し先の曲がり角から犬と飼い主さんが現れた。一瞬目を背けてしまった。それから少し行くと、別の犬と飼い主さんに擦れ違った。そしてその先、また他の犬と飼い主さんが行き過ぎた。今まで意識したことが無かったが、犬を散歩させている人の何と多いことだろう。私達は言葉少なに歩いて行った。

駅に着き私は母にお礼を言って、駅の構内に入って行く母を見送った。いつもその私の横にはファーレが居たのに。そしていつも、母の姿が見えなくなると、「おばあちゃん、行っちゃったね。帰ろっか」そうファーレに言って、ファーレは私を見上げて、いつもその帰りは買い物をせず、ファーレと話しながら真っ直ぐ家まで帰っていたのに。

・・ファーレは私の横に居なかった。胸が締め付けられた。私は大きく息を吐くと、そんな自分の感情とは裏腹に、冷静に静かに駅にあるスーパーマーケットに入って、夕飯の買い物をした。

買い物を済ませ家に着いた私は、買って来た食材を仕舞うために冷蔵庫を開けた。息を呑んだ。涙が出た。

そこには、笹身が・・・入っていた・・。

第二章

平成20年9月

眠ったままのファーレ。可愛い姿で優しい顔で眠っているファーレ。もう二度と決して目覚めることの無い眠りについたファーレ・・・。

夫は言った。

「仕方無いよ。寿命だったんだよ」

「でも、ファーレはもっと長生きすると思っていた。年を取ってから眠ってばかりいることが多くなっていたけど、耳も遠くなって呼んでも聞こえないみたいで直ぐ起きなかったけど、それでも散歩が大好きで揺すると飛び起きて喜んで散歩に行ったたし、ご飯も沢山食べたし。確かにもう年だから、散歩に行っても直ぐ疲れちゃってハアハア言ってはいたよ。でも、それでも散歩に行きたい子だったし。それが五月十三日の血液検査で肝臓の数値が悪いって最初に判って。どうしてそんなことになっちゃったんだろう。あの時はまだ元気で、それなのにそれから二ヶ月も経たないで逝っちゃって・・早過ぎる。勿論、長患いしていたら諦められるのかっていったら、そんなことは無い。飼い主は、長患いしたって諦め切れる訳が無い。だけど、最初に判った時は今まで通りで、それが急にご飯を少しずつ食べなくなってその一週間後に入院になっちゃって。その三日後に手術、その一週間後に再手術。ついこの前まで家に居ていつも通りに暮らしていたのに。あっという間・・どうしてこんなことになっちゃったんだろう・・」私は鼻声で答えた。

「あなただって子供の頃犬を飼っていたのだったら分かるだろう。いつかはこういう時が来るんだ。寿命なんだよ。そう思わなきゃ」

分かっている。犬の方が人間より寿命が短いのだもの、人間より早く死ぬって分かっている。いつかこういう時が来るって分かっていた。考えたくはないけれど、もしも万が一のことも頭に入れて、覚悟の気持ちも持っていた。だけど・・

「でも、ファーレはお家に帰りたくてしょうがなかったから。帰りたかったから・・どんなにお家に帰りたかっただろうと思うと・・」

「それだけがなぁ、可哀想だよなぁ・・・」そう言って、夫は目を押さえた。

ファーレを見送る

私達家族は、家族三人揃ってファーレを家から送ろうと話した。七月十日、日曜日の午前中に動物霊園の方がファーレを迎えに来てくれることになった。そしてその二日後、十二日火曜日にお骨になったファーレを家まで送り届けてくれることになった。

八日、九日と朝晩ご飯とお水をあげ、保冷剤を換え、お花の水を換え、ファーレを触り、話し掛けた。

「ファーレ、ファーレは二日間お家で眠ってその後動物霊園に行くんだよ。そして焼かれてお骨になってお家に帰って来るんだよ。大丈夫だよ。動物霊園に行っても、またお家に帰って来るからね。何も心配することないんだよ。ファーレの姿は無くなっちゃうけど、人間もそうなんだよ。亡くなると火葬されて焼かれて骨になるんだよ。皆そうだから、心配しないでいいんだよ。大丈夫だからね」ファーレの耳は柔らかかった。肉球は可愛かった。毛も柔らかだった。私はファーレが心配しないようにファーレを撫でながら、繰り返しそう言って聞かせた。

十日の日がやって来た。約束通り朝十時をほんの少し過ぎた頃に、動物霊園の方がお迎えに来てくれた。ファーレの姿との最後のお別れ、娘と私は涙が止まらなかった。私達二人はファーレの体を存分に撫でた。夫は、

「僕は朝触ったから、いい」と言って、私達の後ろから見ているだけだった。娘と私はファーレの名を呼びながら、箱の中に百合の花を入れた。

「心配しないでいいからね。またお家に帰って来るんだからね」私はまた、ファーレにそう言った。ファーレはレースの付いた真っ白い綺麗な布を体に掛け、沢山の百合の花に囲まれ、穏やかな顔をして眠っていた。娘は毎年お正月に、八幡宮でファーレと自分のお揃いのお守りを買って、ファーレの首輪にお守りを付け換えていた。娘はそのお守りを、自分で手作りした小さな水色の袋に入

れ、箱の中にそっと入れた。そして、とても大事にしているぬいぐるみも、入れた。

いよいよファーレを送り出す時がやって来た。箱の蓋を閉め、娘と私の二人で箱を大事に抱えて運び、玄関の前に着けてある動物霊園の車の中に入れた。動物霊園の方と私達はお辞儀を交わし、車の扉は閉められた。私達三人は、ゆっくりと走り出す車を見詰めていた。ファーレがたった一人でどこか遠くへ行ってしまうようで、辛かった。ファーレは、たった一人でどこかへ連れられて行くんだ、と思っているだろう。そう思いながらも、動かなくなって眠ったまま、無言で静かに連れられて行くだけしかないファーレが、可哀想だった。家の前の道は直ぐ先が曲がり角になっている。車は直《じき》に見えなくなった。私達は無言だった。私は心の中で（二日後に、また帰って来るんだからね）と見えなくなった車の中のファーレと自分に言い聞かせ、家の中に入った。

私達三人はそれぞれ別の部屋に居た。それぞれがそれぞれの想いを胸に秘めていた。昼頃お花屋さんが来た。動物病院からだった。綺麗な沢山の花々のアレンジメント。お花を見ながら（そう、ファーレが帰って来た時の場所を作らなければ）そう思った。その横にこのお花を置いていつでもファーレを迎えられるように、と。ファーレが居る場所は、いつも眠っていたケージの所にしようと決めていた。それがファーレも一番落ち着いて安心するだろう、と。（ケージを片付けよう）先ず私はそう思い、ケージの底のプレートを外しお風呂場に持って行き、いつものように洗った。そしてケージ全体を丁寧に拭いた。涙が出た。（もう、ケージを掃除することも無いんだなぁ）そう思うと、悲しかった。ケージのプレートを戻し、全体を折り畳んだ。今まで畳の上に敷物をし、その上にケージを置いていた。いつもの掃除の時のように、敷物を干し、陽に当てた。丁度よい大きさの、台になる物がお納戸にあったのでそれを持って来て、ケージの周りに置いてあった所に台を置いた。お花を向かって左に置き、いつもケージが置いてあった小物を台の周りに置いた。ファーレがケージの中に居た時の通りに、ファーレの場所を作った。

「ファーレ、これで大丈夫だよ。ファーレの場所が出来たよ。安心して帰っておいで」これでいつでも迎えられる。ファーレが帰って来るのを待つだけだ。私は少しホッとし、台の前に座り台を見詰めた。娘が来て、私が、

「ファーレの場所を作ったよ。ケージがあった時の通りに周りにプランターや飾りを置いたよ」と言うと、

「あっ、いいねぇ」とそれを見て言ってくれた。気持ちが少し落ち着いた。

翌日は動物病院に行くことになっていた。七日は木曜でそれも夜中、ファーレを連れて帰ることでいっぱいだった。その直後は気持ち的にもいっぱいだろうし、動物霊園の手配をする時間的なことも考え、院長先生には、

「預けてある荷物の引き取りやお支払いには、週明けの月曜日に行きます」と言ってあった。一生懸命して下さった先生方や看護師さん達に、気持ちだけだがお礼にお菓子を持っていこうと、いつも利用している和菓子屋さんに行くことにした。ファーレの場所を作り終えた私は少し安心した気持ちで、

「買い物に行って来まーす」と普段通りに家族に声を掛け、家族も、

「行ってらっしゃーい」と普段通りに答えた。ファーレが居る時と何も変わらない

雰囲気だった。（本当にファーレは居なくなったのかしら・・？）と思う程に。

　でも、ファーレが居なくなったということを、私は直《じき》に気付かされる。家を出て和菓子屋さんに向かった私は（この道もファーレとよく一緒に歩いたなぁ）としみじみ想ったのだ。しみじみ想うということは、この受け入れたくないことが現実なのだと、私の心が理解したからなのだろう。ボーッと歩きながらふと顔を上げると、右手にファーレの大好きな公園が・・。ファーレがその公園に入って行くのが見えた。そしていつもの通りにクンクンとにおいを嗅ぎながら、ベンチの後ろを通り、敷地いっぱいに回り、いつものようにその後、公園の中央に歩いて行くファトレが見えた。私は辛くなり公園の横を通れなくなって、

4歳の頃

思わず少し引き返し公園を避けて別の道を行った。

一人で病院へ

十一日、動物病院へ行った。待合室で待っている子達を見るのは辛かった。私達もいつもこうしていたのだなぁ、としんみりした。片方の診察室から患者さんが出て来ると、その次に私はU先生から呼ばれた。診察室に入りU先生と色々なお話をした。

「まだそんなに経っていないので、駄目ですねぇ・・」と言いながら、涙が頬を伝った。そして、

「先生、ファーレは強い子でしたよね」私の心にはファーレが見えていて、それが可愛くて泣き笑いしながら私は言った。

「強い子、弱い子、確かにいます。そういった意味では強い子だったと思います。生命力が強かったというか。手術に耐えられないだろう、と思う弱い子もい

ます。そういう子には『もうこのままの方が』と言うこともあります。我々も、まだ大丈夫、チャンスはある、と思う子にしか勧めません」U先生はそう仰った。

「ファーレはお家に帰りたくてしょうがなかった子なので、手術をしないで家に連れて帰った方が良かったのでは、と思ったりもしたのですが、もし手術しなければあと十日から二週間と言われていましたので、段々ぐったりして来るファーレを見たら、あの時手術をしていれば良かった、と私絶対に思ったと思うんです」

「そうですね。手術をしないで一週間経ってぐったりして来たのを見て『ああ、あの時、一週間前まだ手術が出来る時にしていれば』と思う方もいらっしゃいます。その方が、あと引き摺ります。なかなか立ち直れない、立ち直るのに時間が掛かる、というか。遣るだけ遣った、と思われた方が」そうだ、そうなんだ。

「先生の仰る通りだと思います。そうですよね、遣るだけ遣ったんですよね」

先生の言葉に、私は自分の心が何かフワーッと広がったような気がした。そうだ、遺るだけ遺ったんだ。ファーレが可愛くて何とか助かって欲しくって、私は毎日病院へ行き、祈って祈って大丈夫だと信じ、少しでも良くなって帰って来ると信じ、また散歩に行く姿を思い浮かべ・・。そう、ファーレも頑張った、よく頑張った。一番頑張ったのはファーレだ。必死に生きた。素直に一生懸命生きた。

「先生、麻酔から覚めないで逝ったというのは、眠ったまま・・苦しまないで逝った・・のですよね？」

「そうですね、眠ったままの状態ですから」そうだ。最期は苦しまないで逝ったんだ。眠ったまま・・寿命だったんだ。そう思わなければ。

院長先生が診察を終えて私の居る診察室に入って来られた。院長先生とも色々なお話をした。ファーレのこと、ファーレがどんな子だったかということ。

「ファーレちゃんは、困ったことなんて無いでしょう」

「困ったこと？　困ったことってどういうことなのか分かりません」

「そうでしょうね。シェルティは頭が良いですからね。例えば、何度言っても家の中の物を噛むとか、何度言っても他の犬に吠えるとか」

「そういうことですか。そういうこと、無いですねぇ」

「そうですね。部屋の中に線を引いて『ここから入っちゃ駄目だよ』と言うと、絶対入らなかったでしょう」

「そう、そうです。一度言うと、絶対守りました」そうだった。何でも素直に必ず言うことを聞く子だった。ファーレの姿が目に浮かび、笑みが零れた。院長先生も微笑まれた。

「買い物に外に出るとファーレが見えるんです。ファーレが歩いている姿が見えるんです」

「そうですね。ここではこうしていたな、とか、ここではいつも立ち止まっていたな、とか」

「そうなんです。昨日も買い物に出たら、ファーレの大好きな公園があるのですが、その横に差し掛かって、公園に入って行くファーレが見えて、辛くてそこを通れなくなって思わず引き返して別の道を行っちゃいました」

「そうですか。そういう時はファーレちゃんと一緒に散歩してあげて下さい。ファーレちゃんも喜ぶと思いますよ」先生がそう仰るのを聞いて、そうか、ファーレが歩いているのだもの、一緒に散歩しなきゃ、何故か冷静に心の中で頷いた。

暫くお話をした後、看護師さんがいらした。そしてまだ請求書が出来ていないということで、出来上がったら電話をくれることになった。ファーレは保険に入っていた。保険会社に提出する死亡診断書が必要だったが、保険会社から詳細が書かれた書類が届いていなかったので、それが届いたら内容をお知らせして書いて頂くことにした。そして支払いの時に死亡診断書を受け取ることになった。

「では今日は荷物だけ引き取ります」奥に取りに行った看護師さんが荷物を持って来てくれた。ファーレの食器二つ、ファーレのにおいのした首輪、暑い夏のお散歩では喉が渇くだろうと五月に買ったばかりの、広げて給水出来る水飲み用食器を取り付けたリード、最後に持って行ったクッキー、全てがファーレの想い出だった。それらを紙袋に入れ、私は帰った。

ファーレの帰宅

翌十二日の朝、十時から十一時の間にファーレが帰って来ることになった。私は一人静かに座りファーレを待った。今か今かと。

玄関のベルが鳴った。

「帰って来た！」急いで玄関に向かいドアを開けた。動物霊園の方が真っ白い布に包まれたファーレのお骨を丁寧に抱いて立っていた。私は大事に受け取ると、ギュッとファーレを抱き締めた。（ファーレ。こんなに小さく軽くなっちゃって・・）心の中で呟いた。

「こちらは火葬証明証でございます」と、『火葬証明証』と書かれた封筒を手渡してくれた。私はファーレを見たいと思った。でも骨壷を開けて中を見ても良いものだろうか、そんなことをしたら安らかに成仏できないのではないか？　私は聞いてみた。

4歳の頃

「あの・・私、分からないので伺いたいのですが、お骨を見ても良いものでしょうか？」

動物霊園の方はこう答えられた。

「動物には決まりがありませんので。勿論、人間と同じにさせて頂いていますが、人間のような決まりはありませんので、お庭にお骨を撒かれる方もいらっしゃいますし、お庭に埋められる方もいらっしゃいます。暫く経って私共霊園にご納骨される方もいらっしゃいます。その場合はご連絡頂ければ、そのようにさせて頂きます」そうか、見てはいけないということはないいんだ。大事に想う気持ちがあって見るのならそれは良いんだ。私はお礼を言い挨拶をして、ドアを閉めた。

「ファーレ、帰って来たね。ケージの中に居た時と同じでしょう。プランターやファーレの小物もそのまま同じ所にあるでしょう」私は暫くファーレを抱き締めた後、台の上にファーレを置き、見詰め続けた。骨壷を開けてファーレを見たい、でも一人で見てはいけないような気がした。見るのだったら家族と一緒に、私だけ先に見てはいけない、そんなような気がした。

夜、娘に言ってみた。娘は、

「見たくない」と言った。夫もそれを聞いて、

「パパも見たくない」と言った。そうか、二人とも見たくないんだ。そうね、見たら辛いかもしれない。私も見るのは止めよう、もっと時間が経って気持ちが落ち着いて、そして見るために開けるのではなくて、どうしても開けなければならない時が仮に来たとしたら、その時開けてファーレを見よう。私は心にそう思った。

最後の動物病院

その週の土曜日、十六日に私は動物病院に行くことになった。

「診療時間中ですと他のワンちゃん達を見てお辛いと思いますので、一時から四時の間のご都合のよい時にいらして頂けたらと思います。お待ちしています」そう配慮してくれた。私はファーレの前に座った。

「ファーレ、動物病院に行こう。ファーレと動物病院に行くの、これで最後だね。いっぱい通ったね。本当に沢山行ったね。動物病院に一緒に行くのも今日で最後だね」そう言って、ファーレを見詰めた。

「さぁ、行こう」私達は家を出た。いつもの道、いつもファーレが立ち止まってにおいを嗅いでいた曲がり角。

「ファーレはいつもここのにおいを嗅ぐんだね」私は立ち止まり、においを嗅いでいるファーレに言った。ファーレとのお散歩、ファーレと沢山通った動物病院への道。私はファーレを見ながら、ファーレと一緒に行くのはこれで最後になる動物病院へと向かった。

第三章

平成22年9月

ファーレが居なくなってから、何を見ても悲しかった。どこを見ても悲しかった。暑くてふと側にあった団扇《うちわ》を取ったら、動物病院で毎年貰っている綺麗な夏の風物詩が描かれた団扇だった。今年の団扇を貰った時ファーレはまだ生きていたな、病院の待合室で待っている間、「暑いねぇ、ファーレ」と言って、ファーレを扇《あお》いであげたな。団扇を見て、涙が出た。

朝、窓を開けるとファーレはもう居ないと解っているのに、お庭のいつもファーレが寝ていた所を見てしまう。今まで窓の開け閉めの際、可愛く丸まって寝ているファーレを必ず見て微笑んでいた。今はその場所を見て涙が頬を伝う。買い物のため、家から一歩外に出ると、どの道もどの道もファーレと歩いた道。どこまで行っても。何を見てもどこを見ても、悲しかった。夜、家族が寝静まると、私はファーレのお骨を抱いて泣いていた。涙が止めどなく溢れた。毎晩毎晩・・。毎日悲しかった。毎日が辛かった。

今まで改めて考えたこと無かったけれど、ファーレが居て楽しかった。そんな風に敢えて感じたこと無かったけれど、ファーレが居て本当に楽しかった。そう心に想う時、私は（ファーレは家《うち》に来て幸せだったのだろうか）と考えてしまう。お散歩が大好きだったファーレ。それなのに私は、散歩に毎日行っていた訳じゃない。行かなかったこともある。行けなかったのではなくて、自分の都合で行かなかったのだ。ごめんね、ファーレ。あれもしてあげれば良かった、これもしてあげれば良かった、と思う。もっと構ってあげれば良かった、と。規則正しく散歩に行って、構ってあげる時間を充分に取って、というきちんとした家に行っていたら・・と。ごめんね、本当にごめんね。それでもママはファーレが大好きだった。大好きだったんだよ。ファーレが居なくなっちゃうなんて。ファーレはいつも居て当たり前だった。ふと見るとファーレは居て、ファーレの姿がいつもどこかにあって。ずーっとそうだったのに。それなのに今はどこにも居ない。私は毎日ファーレを想っていた。

四十九日法要

一ヶ月経った。八月八日、（ファーレはもうどこにも居ないんだ・・・）静かな気持ちでそう思った。そして翌九日夜、私は号泣した。十日は何故か初めて涙が出なかった。そして十一日、動物霊園から『七七日忌法要会のご案内』が届いた。（もうそんなになるんだ）八月二十四日がファーレの四十九日だった。私は二十一日の日曜に参列することにした。

二十一日、私はファーレの写真を持って一人で家を出た。雨がしとしと降っていた。夏だというのに、何故か昨日から急に涼しくなった。娘は「行きたくない」と言った。辛いのだろう。お坊さまの読経を聴いたら、ファーレが亡くなったことは解っているけれど、改めて思い知る気持ちになると感じて、それが辛くて行きたくないのだろう。夫は冷たい気持ちではなく考え方の違いで、初めから行く気が無かった。私は電車に乗りバスに乗り継ぎ、動物霊園へ向かった。バスは空いていた。私は一番後ろの席に座り、映り行く窓の外の景色を見ていた。段々と木々が多くなり、穏やかな風景が行き過ぎていった。私はファーレにも見せてあげようと思い、バッグからファーレの写真を取り出した。

「ファーレ、バスに乗るの初めてだね。これがバスだよ。お家の車よりずっと大きいでしょ。お外の景色見てごらん。緑が増えて綺麗だね」私はファーレに語り掛け、時間を過ごした。そしてバスは停まり、私は停留所に降り立ち、地図を見ながら人に訊きながら、動物霊園に向かった。

合同での四十九日法要。私は受付を済ませ、ファーレの写真を預け、席に座った。他のワンちゃんネコちゃん達の遺骨や写真と並んで、ファーレの写真が私を見ていた。私は胸が詰まり、声を押し殺し唇を震わせ泣いた。時間が来てお坊さまがお出ましになり、法要が始まった。人はどんなに泣いても涙が涸れることは無い。気を取り直しても、私の涙はまた溢れて来た。

ファーレの想い出

走馬灯のようにファーレの姿が見える。ファーレは生後一ヶ月で家《うち》に来た。娘は七歳だった。子犬らしい子犬で、小さくてピョンピョン跳び跳ねて、自分の名前を直ぐ理解し、呼ぶと喜んで飛んで来た。最初暫くは部屋に段ボール箱を置きその中に寝かせていた。ある時、部屋に入ると、目を瞑ったままのファーレの頭が段ボール箱の底の角から出ているではないか。咄嗟に（首が絞まって死んでいるのでは！）と思い、

「ファーレ!!」と大きな声で呼ぶと、ファーレは慌てて目を開け飛び起きようとしたが、首が引っ掛かって起き上がれず、バタバタして首を引き抜いたと思ったらバターンと箱を倒して中から出て来た。ファーレが内側からガリガリ齧《かじ》っていたのは知っていたが、いつの間にこんな穴になっていたのだか。

「びっくりさせないでよ、ファーレったら」ファーレは構って貰えると思って、

無邪気に喜んでいた。

少し大きくなってからは、日中はお庭で過ごさせた。ある時、娘と二人で近くまで買い物に行った帰り、家の前の坂道を上ろうと自転車を降りた。私達の家はこの坂の上の方、右に短い私道を入った所にある。私達はそれぞれ自分の自転車を押し、娘が私の先を行っていた。

「ファーレだ！」突然娘が言った。

「えっ？」私は顔を上げた。ファーレだ。小さなファーレがヒョコヒョコと歩いて坂を下りて来るではないか。

「あっ！　ファーレ、何してるの！」びっくりして思わず大きな声で言った。ファーレは私達に気が付くと、跳び上がって嬉しそうに走って来た。そして自転

生後1ヶ月、家に来た翌日

車を押している私達の後ろに付いて坂を上った。庭から外に出られる所は二か所ある。ファーレが外に出ないように、一か所に門扉を取り付け、もう一か所には背の高い木の板を立て掛けていた。庭を見ると、門扉の下にごっそりと大きな穴が開いていた。娘と私が出掛けたのを見て、自分も一緒に外に出たくて一生懸命穴を掘り、そこを潜って出たのだろう。

「全く、ファーレったら・・。ママ達がもう少し遅く坂に入っていたら。坂を下りて右に行ったか左に行ったか、分からなかったじゃないの」ファーレにそんなことを言いながら、居なくならなくて良かった、と胸を撫で下ろした。

それから随分年月が経ち、あれはファーレが幾つの時だったのだろう。確か娘は中学生になっていた。雷が物凄い日だった。バリバリとつんざくような音が直ぐ近くに聞こえ、そして何度もドカーンと落ちる音が聞こえた。夕ご飯をあげようと窓を開けると、いつもお座りして待っているファーレが居ない。犬小屋の中にも居ない。

「ファーレー！」と何度呼んでも飛んで来ない。ファーレの気配が感じられない。私は窓から庭を隈なく見たがどこにも居ない。豪雨と雷の中、傘を差し門扉と立て掛けてある木の板を見に行った。門扉の下はもう穴が掘れないようにブロックを置いてある。やはりこちらからは出ていない。木の板を見に行った。何と板は薙ぎ倒されて、斜めになっているではないか。板を倒してこの上を越えて行ったのだ。余程雷が怖かったのだろう。パニックになってどこかへ逃げたかったのだろう。可哀想に、早く家の中に入れてあげれば良かった。周辺の道もあちこち歩いてみたが、影も形もなかった。そして、私が夜寝るまでに帰って来なかった。ファーレどこ行ったの、早く帰って来て。何してるの、早く帰って来て。でも朝までにはきっと帰って来る、そう思ってご飯は外に出したまま雨戸を閉めた。翌日ファーレは帰って来なかった。私は動物愛護相談センター、警察署、保健所に電話をした。そして当時掛かっていた動物病院とファーレがお世話になっている美容室へ行き、何か情報が入ったら知らせて下さるようにお願いした。娘は学校から帰ると、

「スキャナー買って、ファーレの尋ね犬のチラシ作って捜す」と言った。（どこ

で何してるの、早く帰って来て。パパ・ママ・瑛美、皆待っているよ）私は心の中でファーレに呼び掛けた。そしてそのまた次の日、動物愛護相談センターから電話があった。ファーレと似た犬を保護しているお宅がある、と。早速私は会いに行くことにした。違う犬であるかもしれない、ということも仰られていたが、私は（ファーレであって欲しい）と願った。そのお宅は家から歩いて二十分位だっただろうか。大通りを渡って、その先の川の橋を渡った向こう側にあった。私の願い通りファーレだったとしたら、よくこの大通りを渡って行ったな、夜でも交通量が多いのに。夜暗い中、犬だけだったら人の高さが無いからドライバーさんから見え難いだろうし、ファーレの毛は黒色だから尚更だろう。よく交通事故に遭わなかったな。それに真っ直ぐこちらのお宅に行った訳ではないのだから、随分歩き回ってこちらに辿り着いたのだろうな、とそんなことを考えながら私はリードを手にして歩いていた。そのお宅の奥様はお仕事をしていて日中はいらっしゃらない。ご近所の犬仲間の方が連絡役をして下さっていた。二匹か三匹犬を室内で飼っているので、保護された犬は庭に居るということだった。

「あの子なんですけど」とその方は外から庭を指し仰った。ファーレが歩いていた。

「ファーレ！」

「間違いないですか？」

「はい」その方は門を開けてくれた。ファーレは気が付き、外に出て私の傍に来た。そして転がってお腹を出した。（良かった、ファーレ見付かって。瑛美、ありがとう、スキャナー買ってファーレを見付けようとしてくれて）私はお腹を沢山撫でた。そして少しお話をし、

「後日改めてお礼に伺います」と言って、ファーレを繋ぎ帰った。後に伺った話では、朝、家の前に居たらファーレが一人で歩いて来たので（飼い主さんは？）と思い周りを見ると、飼い主さんらしい人は居ない。

「おいで、おいで」と呼び掛けると、ファーレは寄って来たそうだ。そしてご飯をあげると全部食べた。後で分かったのだが、そのご飯をあげる前にご近所の方が、一人で歩いているファーレを見て、ご飯をあげてくれていたらしい。でも

ファーレはご飯を全部平らげると、そのまま立ち去った。そしてその後そのお宅の前を通り掛かりご飯を頂いた。食べ終わった後そのまま傍に居て、どこかに行こうとはしなかったので（これはいけない）と思い、庭に入れて下さった。そしてご近所の犬仲間の方達も協力して下さって、警察署に届けたそうだ。

「うちも家の中で犬を飼っているので、家の中に上げてあげることは出来なかったのですが、夜は玄関の中に入れました。とっても大人しくて淋しいと可哀想なので、玄関で一緒に寝てあげようと思って『上がっていいんだよ』と何度言っても、決して上がらなかったです。なんて頭良いんだろう、と思って一晩傍に居ました。たった一日だったけれどとっても良い子で、私が居ない間に帰ってしまったので何かとても淋しいです」と仰って下さった。とても有り難かった。ファーレは大事にして貰って、良い方に保護されて本当に良かった。今でもその気持ちは変わらない。（それにしても、朝二食分ペロッと食べたのか。ファーレったら、食欲旺盛なんだから。でも夕飯から食べていなかったから、余っ程お腹空いていたのだろうな）ファーレを見ながら微笑ましくそう思ったことも忘れない。

平成20年9月

そして晩年、本当に晩年、三年続けて夏、旅行に行ったね。ファーレ、あんなに一日中家族と長い時間一緒に居たことなかったから、とっても嬉しそうにしていたね。初めての旅行の時は伊豆高原と箱根に行ったね。ファーレ、車に乗ることに余り慣れていなかったから、乗るのを嫌がったね。乗ったはいいけど凄く緊張して、目的地に着くまで何時間も立ったままだったね。

「ファーレ、座って。ほら、楽にして」と言っても立ったまま。途中何度も休憩して行ったけど、それでも緊張は解れなかったね。（どこへ連れて行かれるのだろう）と不安な気持ちでいるのが分かったよ。車がカーブを曲がるとその揺れの通りに、タッタッタ、タッタッタ、と動かされていたね。でもホテルに着いて一晩家族と一緒に居て、安心したんだね。翌日は車を嫌がらなかったし、リラックスして眠ったりもしていたね。その次の日はもう学習したと見えて、自分から車に乗ろうとしたり降りようとしたりしたね。実際には車の高さがあるから、自分一人での乗り降りは出来なかったけど。ママ達がファーレを部屋の中に繋いでご飯を食べにレストランへ行こうとすると、置いていかれちゃ大変と、クゥンクゥンと縋るように切ない声を出していたね。

「良い子しててね。ファーレ、良い子しててね」そう言って部屋を出て、戻って来るとファーレは良い子で大人しく待っていたね。

それからはいつも、二回目の旅行も三回目の時も、大人しく待っていたね。そう、ある時はお城を観に行ってファーレは中には入れないから、家族が交替でファーレを木陰で休ませていた。お姉ちゃんがファーレを見ていた時、お城の前でファーレ一人の写真を撮ってくれたんだよね。ちゃんとお座りしてお城をバックにした写真。お姉ちゃん、傍に居た女の人達から言われたんだって。「リードを離して一人だけなのに、動かずにちゃんとお座りして偉いね。きちんと躾けられているのね」って。お姉ちゃん、ファーレが褒められて嬉しかったって。そしてまたある時は、昼間あちこち観光して沢山歩き回ってホテルに帰った。ママ達が夕飯をレストランで食べて部屋に戻ると、ファーレは流石《さすが》に疲れたと見えて家族が戻って来たのにも気が付かず、仰向けになってお腹を出してぐっすり眠っていた。

「沢山歩いたから、余っ程疲れたんだね」そう言ってファーレを見ていた。そうしたら突然ファーレの四本の脚が、シャッシャッ、シャッシャッシャッ、とまるで歩いているように動いたんだよ。お姉ちゃんとママ、びっくりして

「ファーレ、歩いてる。夢見てるのかな、歩いている夢」

「きっとそうだよ。昼間いっぱい歩いたから、一生懸命歩いている夢、見てるんだよ。『暑いよう、もう歩けないよう』と思っているのかな、それとも一緒に居たいから『置いていかないで。連れて行って』と思って、一生懸命付いて歩いて

いる夢かな」って小声で話していたら、動きが止まって脚の力がタラーンと緩んで来た。でも少しするとまた、シャッシャッ、シャッシャッシャッ、と脚が交互に動いた。可愛くてママ達暫く見ていたけれど、ファーレちっとも起きなかった。疲れてたんだね、どんな夢を見ていたのかな。それから旅先の色んなドッグランにも行ったね。若い頃は走り回ることが大好きだったけれど、もうそれもなく、年を取ってからはにおいを嗅ぎ回ることに夢中だったから、ドッグランでは存分ににおいを嗅いで歩いていたね。楽しかったね。今年の夏も行きたかったけど、去年が最後の旅行になっちゃったね。

こうしてみると、ファーレはお散歩が大好きだったけれど、勿論散歩は好きだったのだろうけど、散歩が好きというよりも、家族が大好き、いつも一緒に居たかったんだね。私達家族が大好き。いつも一緒、傍に居たい。だからお家に帰って来たかったんだね。ファーレ、天国でいっぱいご飯を食べて、いっぱいお水を飲んで、いっぱい遊んで、幸せに暮らしてね。ファーレ、いつも一緒だよ。

・・やがて法要は終わった。

――ファーレ、ありがとう。楽しかったね、ファーレ。ママ、ファーレが居て本当に楽しかったよ。家《うち》に来てくれて、ありがとう――

来年の七夕の夜、私は何を考えているのだろう。私は何を想って、空を見上げているのだろう・・・

著者プロフィール

中原 恵子（なかはら けいこ）

1959年、東京に生まれる。
実践女子短期大学卒業。
クレジットカード会社に入社。結婚退職。
20年間の専業主婦生活の後、パート社員として銀行に入行。
３年間勤務の後、退職。
その後また専業主婦に戻り、現在に至る。

協力　ひがしやま動物病院

七夕の夜

2013年７月７日　初版第１刷発行

著　者　中原 恵子
発行者　瓜谷 綱延
発行所　株式会社文芸社
〒160-0022　東京都新宿区新宿１－10－１
電話　03-5369-3060（編集）
03-5369-2299（販売）

印刷所　広研印刷株式会社

ISBN978-4-286-13850-3